Smart Tech Publishing

Scaldarsi risparmiando con i pannelli ad infrarosso

Guida alla scelta informata e consapevole

"Nel calore della modernità, la riflessione sul riscaldamento si traduce spesso in un dialogo tra comfort e sostenibilità. I pannelli riscaldanti ad infrarossi emergono come pionieri in questo discorso, offrendo un'esperienza termica personalizzata e una via verso un utilizzo più efficiente dell'energia."

Indice generale

I.   Introduzione

L'infrarosso, con la sua invisibile ma penetrante energia, costituisce il cuore pulsante dei pannelli riscaldanti moderni. La sua scoperta risale agli esperimenti pionieristici condotti da Sir William Herschel nel 1800. Herschel, celebre per la sua scoperta di Urano, fu il primo a misurare il calore oltre la porzione visibile dello spettro elettromagnetico. Attraverso la sua ingegnosità, utilizzò prismi termici per separare i raggi solari in base al colore e misurò una temperatura di colore superiore al rosso, evidenziando l'esistenza di una radiazione termica invisibile, successivamente chiamata "infrarosso".

La radiazione infrarossa, essendo strettamente associata al calore, ha catturato l'immaginazione degli scienziati, aprendo la strada a ulteriori scoperte e applicazioni. Il suo fascino risiede nella sua natura onnipresente, permeante sia il nostro ambiente quotidiano che l'universo cosmico. Con una lunghezza d'onda più lunga della luce visibile, l'infrarosso è in grado di penetrare attraverso materiali che la luce tradizionale non può attraversare, rendendolo un fenomeno straordinariamente versatile.

Per comprendere a pieno il fascino dell'infrarosso, è essenziale esplorare le sue radici storiche. Dalle prime applicazioni in ambito militare durante la Seconda Guerra Mondiale, quando i visori ad infrarossi divennero indispensabili per la visione notturna e l'individuazione di obiettivi nemici, alla sua diffusione nelle applicazioni quotidiane come il riscaldamento domestico, l'infrarosso ha attraversato un percorso evolutivo unico. Oggi, l'infrarosso è ampiamente utilizzato in molteplici settori, dai riscaldatori ad infrarossi alle termocamere utilizzate in medicina e industria. La sua capacità di trasferire calore direttamente agli oggetti, senza dover riscaldare l'aria circostante, ha portato all'adozione diffusa dei pannelli riscaldanti ad infrarossi. Questi pannelli, spesso sottili e discreti, offrono un modo efficiente ed esteticamente gradevole per riscaldare ambienti senza gli svantaggi dei sistemi convenzionali.

2. Principio di Funzionamento

Il fondamento dei pannelli riscaldanti ad infrarossi risiede nella natura dell'infrarosso come forma di radiazione elettromagnetica. Questa radiazione, non visibile all'occhio umano, è responsabile della trasmissione del calore attraverso il vuoto o il mezzo in cui si propaga. Nel contesto dei pannelli radianti ad infrarossi, la radiazione termica è emessa sotto forma di onde elettromagnetiche nella banda di frequenze dell'infrarosso a lunghezze d'onda medio-corte o medio-lunghe, creando un calore radiante che impatta direttamente sugli oggetti e le persone presenti nello spazio. I pannelli ad infrarossi sono progettati per convertire l'energia elettrica in radiazioni infrarosse. La struttura interna del pannello gioca un ruolo cruciale in questo processo. Materiali come il quarzo o le fibre di carbonio, all'interno del pannello, vengono riscaldati quando attraversati dalla corrente elettrica.

Quando la corrente elettrica attraversa questi elementi, il quarzo o le fibre di carbonio iniziano a vibrare ad alta frequenza, generando calore per effetto Joule.

L'effetto Joule è quel fenomeno fisico che si verifica quando una corrente elettrica I attraversa un conduttore elettrico e, incontrando una resistenza R all'attraversamento, si traduce in un riscaldamento del conduttore stesso. Questo fenomeno è chiamato così in onore al fisico britannico James Prescott Joule, che ha contribuito significativamente allo studio della termodinamica e alle leggi del riscaldamento attraverso la corrente elettrica. La formula matematica più semplice dell'effetto Joule è la seguente:

$$P = I^2 * R$$

dove P è la potenza elettrica, I è la corrente che attraversa il filo conduttore e R la sua resistenza.

Se moltiplichiamo questa potenza P per il tempo t durante il quale viene trasferita, otteniamo il calore Q, quindi:

$$Q = P * t = I^2 * R * t$$

che rappresenta la formula fondamentale della termodinamica.

Spesso nella progettazione elettronica l'effetto Joule è un effetto indesiderato che si cerca di minimizzare proprio perché responsabile delle perdite di energia.

Nel caso dei pannelli radianti ad infrarosso invece si sfrutta e si amplifica questa perdita di calore proprio per favorire il riscaldamento ambientale.

Questo riscaldamento intensivo attiva il processo di emissione di radiazioni infrarosse, poiché il quarzo, a causa delle vibrazioni, libera energia sotto forma di onde elettromagnetiche, includendo quelle nell'intervallo dell'infrarosso. La lunghezza d'onda specifica dipende dalla temperatura raggiunta dal quarzo, e questo determina se le radiazioni saranno a onde corte, medie o lunghe.

Questo riscaldamento attiva la produzione di radiazioni infrarosse, che si propagano nello spazio circostante, creando un flusso costante di calore radiante.

L'efficienza di questo processo è un elemento distintivo dei pannelli ad infrarossi, poiché minimizza le perdite di calore e massimizza l'effetto termico desiderato. Le differenze fondamentali tra i pannelli ad infrarossi e i sistemi di riscaldamento convenzionali emergono nella modalità di trasmissione del calore. Mentre i sistemi tradizionali riscaldano principalmente l'aria circostante, creando flussi convettivi, i pannelli ad infrarossi agiscono attraverso il calore radiante diretto. Questa differenza porta a una distribuzione più uniforme del calore, senza creare correnti d'aria o dispersioni energetiche legate alla convezione. Inoltre, l'assenza di aria riscaldata che circola consente di evitare problemi associati, come la polvere in sospensione, contribuendo a un ambiente più sano e confortevole.

I pannelli radianti ad infrarosso possono essere classificati in base alla lunghezza d'onda della loro radiazione.

Prima di elencarli però ricordiamo che la lunghezza d'onda λ è inversamente proporzionale alla frequenza f, con v velocità dell'onda, cioè:

$$\lambda = v/f$$

Inoltre, dalla equazione di Planck:

$$E = h*f$$

risulta che l'energia E della radiazione infrarossa è proporzionale alla sua frequenza f secondo un fattore di proporzionalità dato dalla costante di Planck h.

Quindi a radiazioni con frequenza maggiore, corrisponde una maggiore energia irradiata.

Fatta questo doveroso ripasso andiamo ad elencare le tre tipologie di pannelli radianti in funzione della loro lunghezza d'onda.

1) Nei pannelli radianti utilizzati per scaldare all'aperto viene raggiunta una temperatura di circa 2.600°C e la radiazione infrarossa ha una lunghezza d'onda compresa tra 0,78 μm e 1,5 μm(0,78-1,5 * 10^{-6} metri). Poiché queste lunghezze d'onda hanno frequenze molto alte trasportano molta energia raggiungendo temperature altissime. Questi pannelli radianti vengono detti "ad infrarosso vicino".

2) Nei pannelli radianti per uso industriale viene raggiunta di circa 1.300°C e vengono utilizzati per l'asciugatura di vernici, lacche, solventi così come nei processi di incollaggio di fogli plastici. Questo tipo di pannelli emettono una radiazione infrarossa con lunghezza d'onda compresa tra 1,5 μm e 3 μm (1,5-3 * 10^{-6} metri). Questi pannelli radianti vengono detti "ad infrarosso medio".

3) Tipicamente nei pannelli radianti all'infrarosso per utilizzo domestico la temperatura di esercizio viene raggiunta nei primi 5 minuti dall'accensione e non supera i 120°C generando quindi una radiazione elettromagnetica nell'infrarosso lontano corrispondente ad una lunghezza d'onda tra 3 μm e 1000 μm (3-1000 * 10^{-6} metri). I pannelli radianti disponibili in commercio per un uso domestico e che abbiamo provato nel nostro laboratorio hanno tutti raggiunto una temperatura massima compresa tra gli 80°C e i 90°C. La frequenza associata alla radiazione è la minima tra le tre tipologie elencate e quindi l'energia emessa da questo tipo di

pannelli è anch'essa minima, compatibile quindi con il suo assorbimento da parte della pelle, dei tessuti, dal sangue e dal resto del corpo.

Quindi per il riscaldamento domestico dovremo individuare dei pannelli radianti nell'infrarosso lontano. Quelli proposti sul mercato per un utilizzo domestico dovrebbero essere tutti ad infrarosso lontano perché idonei al riscaldamento umano.

In linea di massima questo è il principio di funzionamento per comprendere come i pannelli riscaldanti ad infrarossi si distinguano nelle loro modalità di generare calore e contribuiscano ad un'esperienza termica più efficiente ed ergonomicamente confortevole.

3. Vantaggi e Svantaggi

L'efficienza energetica è uno dei principali vantaggi dei pannelli radianti ad infrarossi rispetto ai sistemi di riscaldamento convenzionali. Questa efficienza deriva dalla capacità dei pannelli di trasferire calore direttamente agli oggetti e alle persone senza riscaldare l'aria circostante. A differenza dei radiatori convenzionali che richiedono il riscaldamento dell'aria per diffondere il calore, i pannelli ad infrarossi eliminano le perdite convettive, consentendo un utilizzo più mirato e una distribuzione uniforme del calore nell'ambiente. Il design mirato dei pannelli radianti ad infrarossi si traduce in un notevole risparmio sui costi a lungo termine. Riducendo la dispersione di calore e concentrando l'energia sul riscaldamento degli oggetti, questi pannelli richiedono meno energia per mantenere un ambiente confortevole. Il controllo preciso della temperatura e la rapida risposta ai cambiamenti di temperatura impostata consentono agli utenti di ottimizzare l'uso energetico, riducendo significativamente le spese di riscaldamento nel corso del tempo. Oltre all'efficienza energetica, i pannelli radianti ad infrarossi offrono un comfort termico personalizzato. Gli occupanti di un ambiente riscaldato con questi pannelli possono godere di un calore uniforme e regolabile, adattandolo alle preferenze individuali. La sensazione di comfort termico è notevolmente migliorata, poiché la radiazione infrarossa crea una piacevole sensazione di calore diretto sulla pelle, simile al calore del sole. Questo spiega il grande risparmio che si consegue in termini di spesa per il riscaldamento domestico.

Sussistono anche alcuni svantaggi. L'installazione di pannelli riscaldanti ad infrarossi può comportare costi iniziali più elevati rispetto ad alcuni sistemi di riscaldamento tradizionali, specialmente se si considerano i modelli avanzati e le tecnologie più recenti.

Il riscaldamento mirato offerto dai pannelli ad infrarossi può anche essere considerato uno svantaggio in alcune situazioni. Poiché il calore è diretto principalmente agli oggetti e alle persone nella sua linea di vista, alcune aree potrebbero non ricevere il calore desiderato. Va quindi studiato con attenzione il corretto posizionamento strategico dei pannelli.

I pannelli ad infrarossi richiedono una linea di vista diretta per funzionare efficacemente. Oggetti o mobili posti di fronte al pannello possono ostacolare la distribuzione uniforme del calore. Questo potrebbe richiedere una pianificazione accurata della disposizione degli arredi.

In ambienti all'aperto o non completamente isolati, i pannelli ad infrarossi possono essere meno efficienti poiché il calore può disperdersi più facilmente nell'aria aperta.

La temperatura massima a cui possono operare alcuni pannelli riscaldanti ad infrarossi è limitata per motivi di sicurezza. Questo può influire sulla velocità di riscaldamento in ambienti molto freddi o in applicazioni industriali specifiche.

Alcune tecnologie avanzate utilizzate in alcuni pannelli ad infrarossi possono comportare l'uso di materiali più complessi e meno eco-sostenibili, aumentando l'impatto ambientale.

4. Tipi di Pannelli Riscaldanti ad Infrarossi

Oltre alla classificazione per lunghezza d'onda, i pannelli riscaldanti ad infrarossi differiscono anche per la tecnologia degli elementi riscaldanti utilizzati.

I pannelli a cristalli di carbonio incorporano cristalli di carbonio come elemento riscaldante. Questi cristalli, spesso presenti sotto forma di sottili pellicole, sono in grado di raggiungere temperature elevate in modo rapido, offrendo un riscaldamento efficiente e controllato.

I pannelli a fibre di carbonio sfruttano le proprietà conduttive delle fibre di carbonio per generare calore. Questi pannelli sono apprezzati per la loro flessibilità, adattabilità e risposta rapida ai cambiamenti di temperatura.

I pannelli a quarzo utilizzano elementi riscaldanti costituiti da tubi o barre di quarzo. Questi pannelli offrono una buona distribuzione del calore e sono noti per la loro durata e stabilità termica.

La scelta tra le diverse tipologie di pannelli riscaldanti ad infrarossi dipende dalle specifiche esigenze dell'applicazione. I pannelli a onde corte possono essere ideali per riscaldare rapidamente aree all'aperto, mentre quelli a onde lunghe sono più adatti per riscaldare ambienti domestici in modo uniforme. La selezione della tecnologia degli elementi riscaldanti, come cristalli di carbonio, fibre di carbonio o quarzo, influenzerà la durata del pannello, la sua efficienza e la risposta termica.

5.   Applicazioni Pratiche

I pannelli riscaldanti ad infrarossi possono trovare idonea collocazione nel riscaldamento domestico, offrendo un'alternativa efficiente e confortevole rispetto ai sistemi tradizionali. Installati a parete o a soffitto, questi pannelli forniscono un calore radiante diretto agli occupanti della stanza, creando un ambiente caldo e accogliente. La possibilità di regolare la temperatura in modo preciso e la rapida risposta ai cambi di temperatura impostata rendono i pannelli ad infrarossi una scelta ottimale per il comfort termico personalizzato nelle abitazioni. Cambia del tutto la modalità con cui si riscalda la casa. Fino a prima dell'avvento dei pannelli radianti ad infrarosso, avevamo l'abitudine di scaldare l'intera casa con una stufa a legno, a gasolio oppure con i classici termosifoni alimentati da una caldaia a gas.

Il comune denominatore di queste fonti di calore era "scaldare l'intero volume di aria delle stanze in cui vivevamo". Così facendo però sprecavamo tantissimo calore per scaldare l'aria, poi l'aria calda scaldava i nostro corpi ed i mobili intorno a noi.

Con questa nuova tecnologia dei pannelli radianti ad infrarosso, possiamo evitare di scaldare l'aria, scaldando direttamente i nostri corpi e gli oggetti che ci circondano. Siamo poi noi, con i nostri corpi caldi ed i mobili riscaldati, a scaldare l'aria intorno a noi. E' cambiato quindi l'ordine delle priorità. In passato scaldavamo prima l'aria e poi l'aria scaldava noi ed i mobili, ora scaldiamo prima noi ed i mobili e poi noi scaldiamo l'aria. E' cambiato del tutto il paradigma.

Nei contesti industriali, i pannelli ad infrarossi sono impiegati per il riscaldamento mirato di materiali e superfici. Settori come la produzione, la lavorazione dei materiali e l'asciugatura di rivestimenti dipendono dall'efficienza e dalla precisione di questi pannelli. La capacità di trasferire calore direttamente agli oggetti senza dover riscaldare l'aria circostante offre un notevole risparmio energetico e contribuisce a processi produttivi più efficienti.

I pannelli radianti ad infrarossi sono idonei anche in spazi commerciali e pubblici, come ristoranti, bar e centri benessere. La loro capacità di creare zone *termiche specifiche consente una gestione flessibile del comfort termico, adattandosi alle esigenze degli utenti. Inoltre, l'installazione a soffitto o a parete offre una soluzione discreta e spesso esteticamente gradevole, integrandosi armoniosamente negli ambienti pubblici.*

Un vantaggio significativo dei pannelli radianti ad infrarossi è la loro versatilità e la possibilità di integrarsi con sistemi di riscaldamento esistenti.

Questa caratteristica rende più agevole l'adozione di questa tecnologia senza necessità di ristrutturazioni importanti. L'integrazione può avvenire sia come sistema principale di riscaldamento che come complemento a sistemi esistenti, offrendo una soluzione personalizzabile per una vasta gamma di applicazioni. E' sufficiente una presa di alimentazione elettrica alternata a 230V per poter mettere in funzione un pannello radiante.

Le applicazioni pratiche dei pannelli riscaldanti ad infrarossi spaziano dai contesti domestici a quelli industriali, commerciali e pubblici, dimostrando la loro versatilità e adattabilità in diversi scenari. La continua evoluzione di questa tecnologia promette ulteriori sviluppi nelle applicazioni pratiche e nelle possibilità di integrazione futura. Di seguito nell'immagine un esempio di utilizzo domestico di un pannello radiante installato a parete.

6.   Installazione e Manutenzione

L'installazione corretta dei pannelli riscaldanti ad infrarossi è fondamentale per garantire un funzionamento efficiente e sicuro. Prima di iniziare, è essenziale effettuare una valutazione accurata della disposizione degli spazi e determinare i punti ottimali per il montaggio. Visto che i pannelli ad infrarossi richiedono una linea di vista diretta per raggiungere prestazioni ottimali, posizionarli correttamente è cruciale. Seguire attentamente le istruzioni fornite dal produttore, che dovrebbero includere informazioni dettagliate sulla distanza di montaggio, le modalità di fissaggio e le precauzioni di sicurezza. In genere nella confezioni sono inclusi anche tasselli per mattone forato con relative viti per consentirne il fissaggio alla parete o al soffitto. Prima di decidere la posizione dove installare il pannello assicurarsi di avere nei paraggi una presa di corrente dove collegarsi per consentire l'alimentazione elettrica del pannello. La presa di corrente è tipicamente una presa Schuko. Garantire almeno 10 cm. di distanza del pannello da qualsiasi altro oggetto vicino e una distanza di 15 cm. dal pavimento. Il pannello non deve entrare in contatto con tendaggi o altri paramenti. Dopo aver installato ed acceso il pannello radiante, prendere il termometro ad infrarossi che tipicamente si usa misurare la temperatura corporea in caso di febbre, impostarlo per la misura termica di oggetti, quindi puntarlo verso il centro del pannello radiante. Dopo circa 5 minuti dall'accensione, dovreste misurare la massima temperatura che in genere si aggira intorno agli 85°C – 90°C con uno scarto di ± 3-4 °C.

Se il pannello non raggiunge approssimativamente questa temperatura entro qualche minuto è consigliabile contattare il fornitore per valutare la possibilità di reso. Può accadere di acquistare un pannello radiante ad infrarosso venduto per essere in grado di raggiungere gli 85 °C entro 3 minuti dall'accensione ma poi può accadere che persino dopo un'ora non supera i 60°C. In tal caso è consigliabile procedere alla restituzione dell'articolo. Il raggiungimento della temperatura target è essenziale affinché si generino le radiazioni infrarosse specifiche di questa modalità di trasmissione del calore per irraggiamento.

La manutenzione preventiva è fondamentale per garantire la durata e l'efficienza dei pannelli radianti ad infrarossi nel tempo. Periodicamente, è consigliabile verificare lo stato delle connessioni elettriche per prevenire possibili interruzioni. Pulire regolarmente la superficie dei pannelli da polvere e sporco contribuirà a mantenere intatta la trasmissione del calore. Assicurarsi che la presa di alimentazione ed il filo elettrico siano sempre puliti ed in buono stato.

La risoluzione tempestiva di problemi comuni è cruciale per garantire un funzionamento affidabile dei pannelli ad infrarossi. Problemi come la mancata accensione, la distribuzione irregolare del calore o la presenza di rumori anomali richiedono un'indagine approfondita. Consultare il manuale dell'utente per le guide di risoluzione dei problemi fornite dal produttore. In caso di difficoltà persistenti, è consigliabile contattare un professionista qualificato per una diagnosi e una riparazione accurata.

Seguire le pratiche di installazione corrette e implementare regolarmente la manutenzione preventiva contribuirà a massimizzare la durata operativa dei pannelli riscaldanti ad infrarossi e a garantire un ambiente sicuro e confortevole nel tempo.

7.   Considerazioni di Design

L'integrazione armoniosa dei pannelli ad infrarossi
nell'architettura è una chiave per massimizzarne
l'impatto estetico. La scelta di modelli e finiture che si
fondono con lo stile architettonico circostante è
fondamentale per garantire che i pannelli non siano solo
una soluzione funzionale, ma anche un elemento di
design. Inoltre, la possibilità di personalizzare le
dimensioni e la forma dei pannelli offre una flessibilità
unica nell'adattarli a spazi di varie dimensioni e
configurazioni architettoniche.

Esempio di applicazione a soffitto

L'arte del riscaldamento si fonde con la
funzionalità nei pannelli ad infrarossi finemente decorati, una simbiosi tra
efficienza energetica ed estetica d'avanguardia. La personalizzazione estetica di
questi pannelli non si limita alla scelta di modelli e finiture che si mimetizzano con
l'architettura circostante, ma abbraccia l'opportunità di creare veri e propri
capolavori termici. Dai motivi geometrici ai design artistici, la flessibilità nella
decorazione dei pannelli consente un'espressione unica di stile, trasformando i
dispositivi di riscaldamento in vere e proprie opere d'arte funzionali.

Le opzioni di montaggio e il posizionamento ottimale dei pannelli ad
infrarossi influenzano direttamente l'efficacia del riscaldamento e l'aspetto estetico
complessivo. Montare i pannelli a soffitto o a parete consente una distribuzione
uniforme del calore. La scelta del posizionamento ottimale è guidata dalla necessità
di massimizzare la copertura termica e garantire una visuale chiara per una
distribuzione uniforme del calore. Alcuni pannelli radianti costituiscono veri e
propri elementi di arredo in quanto riproduzioni di importanti opere d'arte. Ciò
permette che si integrino perfettamente in ogni ambiente domestico in modo
elegante e efficiente.

Esempio di pannello riscaldante decorato

8. Efficienza Energetica e Sostenibilità

Il tema dell'efficienza energetica e della sostenibilità getta luce sulle implicazioni ambientali dei pannelli ad infrarossi in confronto ad altri sistemi di riscaldamento. Esaminando attentamente l'impronta di carbonio, la dispersione di calore e l'efficienza complessiva, si delinea un quadro completo dell'impatto ambientale di questa tecnologia innovativa. L'approccio mirato dei pannelli ad infrarossi, che trasferiscono calore direttamente agli oggetti senza dispersioni convettive, si distingue come un contributo significativo alla riduzione dell'impatto ambientale rispetto ai sistemi tradizionali. Per aumentare l'efficienza energetica è bene avvalersi di un termostato ambiente nella stanza in cui è installato. Alcuni pannelli radianti sono già dotati di un termostato ambiente, qualora così non fosse è bene acquistarne uno a parte. Basta cercare su internet un termostato ambiente per pannelli radianti ad infrarosso dotato di presa femmina Schuko al quale poi collegheremo la spina Schuko maschio del nostro pannello.

Ma perché dotarsi di un termostato?

Perchè un termostato ambiente permette di impostare la temperatura minima della stanza al di sotto della quale non desiderate scendere e di impostare la temperatura massima al di sopra della quale non desiderate salire.

In tal modo avrete nella stanza una temperatura gradevole ed una massimizzazione del risparmio energetico. E' importante individuare bene le soglie termiche per vivere bene la vostra casa.

Un'analisi approfondita esplora il ruolo dei pannelli ad infrarossi nel contesto delle energie rinnovabili. Dalla compatibilità con sistemi solari all'integrazione con reti elettriche alimentate da fonti sostenibili, va sottolineato come i pannelli ad infrarossi possano diventare non solo consumatori efficienti ma anche partner attivi nella promozione di pratiche energetiche sostenibili.

L'obiettivo è delineare una visione dove il riscaldamento non solo soddisfa le esigenze immediate, ma contribuisce anche a una transizione verso un futuro energetico più verde.

Diverse sono le normative e certificazioni che regolano l'efficienza energetica e la sostenibilità dei pannelli ad infrarossi. Attraverso l'analisi di standard ambientali e certificazioni riconosciute a livello globale, si offre una guida agli utenti e ai progettisti su come identificare e scegliere pannelli che rispettino le migliori pratiche ambientali. Questo approccio trasparente per l'aderenza a standard rigorosi garantisce che i pannelli ad infrarossi non solo siano all'avanguardia nell'efficienza, ma anche nel rispetto degli imperativi ambientali moderni.

Di seguito vi è un elenco delle principali norme europee ed italiane vigenti per i pannelli radianti ad infrarosso:

Normative Europee:

1. **Direttiva sulla progettazione ecocompatibile (ErP):** Questa direttiva definisce i requisiti minimi di efficienza energetica per i prodotti che consumano energia, incluso il riscaldamento.

2. **Norme CE:** I prodotti commercializzati nell'Unione Europea devono rispettare le norme CE che attestano la conformità ai requisiti di sicurezza, salute, e protezione ambientale.

   EN 60335-1: Sicurezza degli elettrodomestici e di apparecchi simili. Parte 1: Requisiti generali.

   EN 60335-2-30: Sicurezza degli elettrodomestici e di apparecchi simili. Parte 2-30: Requisiti particolari per riscaldatori fissi e apparecchi simili.

EN 62233: Valutazione delle emissioni di campo elettromagnetico da apparecchi elettrici ed elettronici in ambienti domestici, commerciali e industriali.

EN 62493: Valutazione delle radiazioni ottiche emesse da apparecchi elettrici ed elettronici.

EN 60335-2-43: Sicurezza degli elettrodomestici e di apparecchi simili. Parte 2-43: Requisiti particolari per radiatori elettrici.

Normative Italiane:

1. **D.M. 37/08:** Questo Decreto Ministeriale regola l'installazione degli impianti termici per la climatizzazione invernale ed estiva degli edifici. Può includere requisiti specifici per i pannelli radianti ad infrarossi.

2. **Normativa UNI:** Le norme tecniche UNI (Ente Nazionale Italiano di Unificazione) possono essere rilevanti. Ad esempio, la norma UNI EN 60335-2-30 riguarda la sicurezza degli apparecchi elettrici destinati al riscaldamento.

3. **Direttiva 2009/125/CE - Ecodesign:** Questa direttiva europea, recepita in Italia, può influire sulla progettazione ecocompatibile dei prodotti, inclusi i pannelli radianti ad infrarossi.

Queste sono solo alcune delle norme che potrebbero essere rilevanti per i pannelli radianti ad infrarosso. È importante considerare la specificità del prodotto e le sue applicazioni per identificare le norme CE pertinenti. La conformità a queste norme è spesso indicata attraverso l'apposizione del marchio CE sui prodotti.

9. Sicurezza

La sicurezza dei pannelli radianti ad infrarossi è un aspetto centrale esplorato in questo capitolo, focalizzandosi in particolare sulle emissioni elettromagnetiche. L'analisi accurata di queste emissioni, che si originano dal funzionamento degli apparecchi elettrici, è fondamentale per garantire la conformità ai rigorosi standard di sicurezza. Attraverso test approfonditi e conformità alle norme specifiche, si valuta l'impatto elettromagnetico di questi dispositivi, assicurando un ambiente sicuro per gli utenti e un funzionamento in linea con le normative vigenti.

Le principali norme sulla compatibilità elettromagnetica (EMC) che tali pannelli radianti ad infrarosso devono rispettare sono le seguenti:

1. **EN 55032:** Normativa relativa alle emissioni radioelettriche di apparecchiature elettriche ed elettroniche nei range di frequenza da 9 kHz a 400 GHz. Questa norma può essere rilevante per valutare e limitare le emissioni radiate da dispositivi come i pannelli radianti ad infrarossi.

2. **EN 61000-6-3:** Normativa sulla compatibilità elettromagnetica per apparecchiature residenziali, commerciali e industriali legate alle emissioni (Classi A e B). Può essere pertinente per i pannelli radianti destinati all'uso in ambienti residenziali o commerciali.

3. **EN 61000-6-1:** Normativa sulla compatibilità elettromagnetica per apparecchiature residenziali, commerciali e industriali legate all'immunità. Questa norma stabilisce i requisiti per l'immunità delle apparecchiature elettriche ed elettroniche.

4. **EN 61000-4-8:** Normativa sulla compatibilità elettromagnetica per l'immunità dei dispositivi da parte dei campi magnetici a frequenza industriale.

È importante notare che le normative specifiche possono variare a seconda dell'applicazione e del tipo di pannello radiante ad infrarossi.

L'attenzione alla sicurezza degli utenti esplora i diversi aspetti legati all'impiego quotidiano dei pannelli ad infrarossi. Dalla progettazione delle superfici al controllo delle temperature, si esamina come tali dispositivi possano offrire un comfort termico senza compromettere la sicurezza degli occupanti degli spazi. Considerazioni dettagliate sulla resistenza al calore delle superfici, la protezione contro le scottature e i meccanismi di sicurezza integrati delineano un approccio olistico alla sicurezza degli utenti.

La resistenza al calore delle superfici dei pannelli radianti ad infrarossi è una caratteristica cruciale per garantire la sicurezza degli utenti. Questa resistenza è ottenuta attraverso l'uso di materiali appositamente progettati e testati per gestire le temperature di esercizio dei pannelli. I materiali comunemente impiegati includono vetri temperati, ceramica e leghe speciali con elevate proprietà di conduzione termica. La progettazione delle superfici tiene conto della distribuzione uniforme del calore per evitare punti caldi e garantire un contatto sicuro.

La protezione contro le scottature è una priorità nella progettazione dei pannelli radianti. Questa protezione può essere implementata attraverso diversi approcci, tra cui:

- **Isolamento Termico:** Utilizzo di materiali isolanti attorno agli elementi riscaldanti per ridurre la trasmissione di calore alle superfici esterne.

- **Timer di spegnimento automatico:** E' possibile impostare un conto alla rovescia in ore per lo spegnimento.

- **Programmazione settimanale:** E' possibile impostare un orario di accensione personalizzato per ciascun giorno della settimana.

- **Dispositivi di Controllo della Temperatura:** *Incorporazione di sensori termici e termostati che monitorano costantemente la temperatura della superficie e regolano la potenza per evitare surriscaldamenti.*

- **Sistemi di Raffreddamento:** *In alcuni casi, possono essere integrati sistemi di raffreddamento che consentono di mantenere la temperatura delle superfici a livelli sicuri.*

I pannelli radianti ad infrarossi sono dotati di meccanismi di sicurezza integrati per prevenire malfunzionamenti e garantire un funzionamento sicuro. Questi meccanismi possono includere:

- **Sistemi di Spegnimento Automatico:** *In caso di anomalie o surriscaldamento, i pannelli possono essere dotati di sistemi che li spegnono automaticamente per evitare rischi.*

- **Protezioni Contro Sovratensioni:** *Dispositivi di protezione contro sovratensioni per evitare danni eccessivi in caso di picchi di corrente.*

- **Allarmi di Sicurezza:** *Alcuni pannelli possono essere dotati di sistemi di allarme che avvertono gli utenti in caso di problemi o temperature anomale.*

È fondamentale seguire attentamente le istruzioni fornite dal produttore relativamente all'installazione, all'uso e alla manutenzione dei pannelli radianti ad infrarossi per garantire un'esperienza sicura e priva di rischi per gli utenti.

Le normative sulla sicurezza per i pannelli radianti ad infrarossi sono progettate per garantire l'incolumità degli utenti e stabilire standard per la produzione e l'uso sicuro di questi dispositivi. Le normative possono variare in base alla regione e al tipo specifico di pannello radiante, ma alcune delle principali normative includono:

1. **EN 60335-1:** *Normativa sulla sicurezza degli elettrodomestici e di apparecchi simili - Parte 1: Requisiti generali. Questa norma stabilisce i principi generali di sicurezza per tutti gli elettrodomestici, compresi i pannelli radianti ad infrarossi.*

2. **EN 60335-2-30:** *Normativa sulla sicurezza degli elettrodomestici e di apparecchi simili - Parte 2-30: Requisiti particolari per riscaldatori fissi e apparecchi simili. Questa norma è specifica per i riscaldatori fissi, inclusi i pannelli radianti ad infrarossi.*

3. **EN 62233:** *Valutazione delle emissioni di campo elettromagnetico da apparecchi elettrici ed elettronici in ambienti domestici, commerciali e industriali. Questa norma affronta le emissioni di campi elettromagnetici, un aspetto importante per i dispositivi elettrici.*

4. **EN 62493:** *Valutazione delle radiazioni ottiche emesse da apparecchi elettrici ed elettronici. Questa norma riguarda la sicurezza in relazione alle radiazioni ottiche emesse dai dispositivi elettrici, inclusi i pannelli radianti.*

5. **D.M. 37/08:** *In Italia, il Decreto Ministeriale 37/08 regola l'installazione degli impianti termici per la climatizzazione invernale ed estiva degli edifici, inclusi i pannelli radianti ad infrarossi.*

È fondamentale consultare le normative specifiche del paese in cui i pannelli saranno installati, poiché possono variare in base alle leggi locali e alle direttive europee. Inoltre, è consigliabile che i produttori di pannelli radianti ad infrarossi ottemperino a queste normative e certificazioni per garantire la sicurezza degli utenti. Nell'installazione in ambiente domestico tenere in conto della presenza di eventuali bambini che potrebbero toccare il pannello e scottarsi. A tal scopo può essere consigliata una installazione a soffitto in modo che i bambini non vengano inavvertitamente a contatto con il pannello quando in funzione. Valgono in sostanza le stesse precauzioni da prendere quando abbiamo una stufa in casa e sono presenti dei bambini cioè "tenere i bambini lontano da fonti di calore".

10. Risposte alle Domande più Frequenti

Fornisco di seguito le risposte alle domande più frequenti che mi è capitato di sentire sui pannelli radianti ad infrarosso. L'elenco ovviamente non è esaustivo e potrebbe essere molto più lungo.

D. **Cosa sono i pannelli radianti ad infrarosso?**

R. I pannelli radianti ad infrarosso sono dispositivi che emettono radiazioni infrarosse per riscaldare oggetti e superfici direttamente, creando una sensazione di calore simile a quella che percepiamo dal sole.

D. **Come funzionano i pannelli radianti ad infrarosso?**

R. I pannelli radianti ad infrarosso generano calore attraverso la trasformazione dell'energia elettrica in radiazioni infrarosse, le quali riscaldano direttamente gli oggetti senza riscaldare l'aria circostante. L'aria circostante viene poi riscaldata successivamente dai corpi e dagli oggetti già caldi.

D. **Qual'è la differenza tra pannelli ad infrarosso ad onde corte, medie e lunghe?**

R. La differenza principale è nella lunghezza d'onda delle radiazioni. Le onde corte penetrano di più, ma riscaldano rapidamente oggetti perché la radiazione ha un maggiore contenuto di energia. Le onde medie sono bilanciate, mentre le onde lunghe scaldano in maniera più uniforme e sono indicate per il riscaldamento umano. Per il riscaldamento domestico sono quindi preferibili i pannelli ad infrarosso ad onda lunga.

D. **Quali sono le applicazioni comuni dei pannelli radianti ad infrarosso?**

R. Le applicazioni includono riscaldamento domestico, riscaldamento industriale, terapie mediche, agricoltura e uso commerciale.

D. **I pannelli radianti ad infrarosso sono sicuri?**

R. Sì, i pannelli ad infrarossi sono sicuri quando utilizzati correttamente. Rispettano le normative di sicurezza e non emettono sostanze dannose.

*D. **Possono essere installati sia a soffitto che a parete?***

R. Sì, molti pannelli radianti ad infrarosso sono progettati per essere installati sia a soffitto che a parete, offrendo flessibilità nell'installazione.

*D. **Qual'è la durata di vita tipica di un pannello radiante ad infrarosso?***

R. La durata di vita varia, ma molti pannelli ad infrarossi possono durare più di 20 anni con manutenzione adeguata.

*D. **Posso utilizzare i pannelli radianti ad infrarosso come unica fonte di riscaldamento in casa?***

R. Sì, molti utenti utilizzano pannelli ad infrarossi come unica fonte di riscaldamento, specialmente in ambienti ben isolati.

*D. **I pannelli radianti ad infrarosso sono adatti per riscaldare zone esterne?***

R. I pannelli ad infrarossi possono essere utilizzati per riscaldare aree esterne come patii o verande.

*D. **Posso controllare la temperatura dei pannelli ad infrarossi?***

R. Molti pannelli radianti ad infrarosso sono dotati di sistemi di controllo della temperatura per regolare il livello di calore emesso.

*D. **Quali sono i vantaggi dei pannelli radianti ad infrarosso rispetto ad altri sistemi di riscaldamento?***

R. I vantaggi includono un riscaldamento più rapido, una distribuzione uniforme del calore, maggiore efficienza energetica, un risparmio economico e un impatto ambientale ridotto.

*D. **I pannelli ad infrarossi consumano molta energia?***

R. No, i pannelli ad infrarossi sono progettati per essere efficienti dal punto di vista energetico e molti modelli utilizzano tecnologie avanzate per ridurre il consumo di energia.

D. **Possono essere utilizzati in combinazione con altri sistemi di riscaldamento?**

R. Sì, i pannelli ad infrarossi possono essere integrati con altri sistemi di riscaldamento per un comfort personalizzato.

D. **Cosa succede se un pannello ad infrarossi si danneggia?**

R. Molti pannelli ad infrarossi sono progettati con sicurezze integrate. In caso di danni, è consigliabile rivolgersi a un professionista per le riparazioni.

D. **Qual è la temperatura di funzionamento tipica di un pannello ad infrarossi?**

R. I pannelli ad infrarossi di solito operano a temperature tra i 40°C e i 120°C, a seconda del modello e del materiale.

D. **I pannelli ad infrarossi possono essere utilizzati con successo in ambienti umidi?**

R. Sì, molti pannelli ad infrarossi sono progettati per resistere all'umidità e possono essere utilizzati in ambienti umidi come il bagno.

D. **Quali sono i principali materiali utilizzati nei pannelli radianti ad infrarosso?**

R. I materiali comuni includono quarzo, fibre di carbonio, elettrodi di ceramica o film sottile di grafene. Ogni materiale ha caratteristiche specifiche di conduzione termica.

D. **I pannelli ad infrarossi richiedono una manutenzione particolare?**

R. La manutenzione è generalmente minima. Si consiglia una pulizia periodica per garantire che la superficie emittente sia libera da polvere e sporco. Consultare le istruzioni del produttore per le linee guida specifiche.

D. **Qual è la differenza tra radiazione infrarossa vicina, media e lontana?**

R. La differenza principale è nella lunghezza d'onda. L'infrarosso vicino è più vicino alla luce visibile, l'infrarosso medio è associato al calore, mentre l'infrarosso lontano è vicino alle microonde ed è più adatto a scaldarsi in ambiente domestico. La scelta dipende dall'applicazione specifica.

D. **I pannelli ad infrarossi sono adatti per l'uso in ambienti con bambini o animali domestici?**

R. Per i pannelli che raggiungono temperature prossime o superiori ai 100°C è chiaramente consigliata l'installazione fuori portata di bambini e animali, ad esempio è preferibile l'installazione sul soffitto. Per i pannelli che arrivano a circa 80°C è idonea l'installazione a parete.

D. **I pannelli radianti ad infrarosso bruciano ossigeno della stanza?**

R. No, non bruciano in alcun modo ossigeno.

D. **I pannelli radianti ad infrarosso producono umidità?**

R. No, i pannelli radianti ad infrarosso mantengono costante nella stanza il livello di umidità relativa ed ostacolano la formazione di muffe sulle pareti.

D. **I pannelli radianti ad infrarosso sono rumorosi?**

R. No, sono silenziosissimi.

D. **I pannelli radianti ad infrarosso stimolano allergie?**

R. No, poiché non producendo flussi d'aria non alzano le polveri e quindi le persone allergiche trovano un beneficio.

D. **I pannelli radianti ad infrarosso sono pilotabili da un sistema domotico?**

Si, alcuni modelli di pannelli si connettono al Wifi di casa e possono essere controllati con Alexa e Google Home.

D. **I pannelli radianti ad infrarosso producono inquinamento elettromagnetico?**

R. No, non viene emessa alcuna forma di inquinamento elettromagnetico oltre le radiazioni ad infrarosso volute per obiettivi di riscaldamento.

11. Sviluppi Tecnologici Futuri

Il futuro getta uno sguardo avventuroso nel cuore dell'innovazione nei pannelli ad infrarossi. La ricerca e le innovazioni in questo campo promettono di trasformare radicalmente il modo in cui concepiamo il riscaldamento. La sinergia tra ingegneria dei materiali, elettronica avanzata e design sta dando vita a pannelli sempre più efficienti, sostenibili e versatili. L'avanzamento nella comprensione della scienza degli infrarossi offre prospettive sorprendenti per nuove applicazioni e miglioramenti delle prestazioni.

La ricerca si concentra sulla progettazione di materiali ancora più efficienti nel trasferire e rilasciare il calore, ottimizzando la distribuzione energetica per massimizzare l'efficienza.

L'integrazione di tecnologie smart, come sensori termici avanzati e sistemi di controllo basati sull'intelligenza artificiale, apre la strada a un controllo del riscaldamento personalizzato e automatizzato. La miniaturizzazione e l'ottimizzazione dei componenti consentono l'integrazione armoniosa dei pannelli in varie applicazioni, ampliando le possibilità d'uso.

Le prospettive future per i pannelli ad infrarossi non sono solo legate alla funzionalità, ma anche all'estetica. La fusione tra design e tecnologia sta dando vita a pannelli che non solo riscaldano gli spazi, ma diventano opere d'arte funzionali, integrandosi armoniosamente nell'ambiente domestico e commerciale.

Il tempo dipingerà un quadro avvincente nel futuro dei pannelli ad infrarossi, suggerendo che la strada dell'innovazione è in costante evoluzione e ci riserva ancora sorprese che ci condurranno verso un nuovo paradigma nel riscaldamento moderno.

12. Conclusioni

Siamo alle conclusioni, che rappresentano il culmine del viaggio attraverso il mondo dei pannelli ad infrarossi, offrendo un riassunto avvincente dei punti chiave emersi nel corso del libro.

Abbiamo esplorato la scienza e la tecnologia alla base di questa forma innovativa di riscaldamento, mettendo in luce i suoi molteplici vantaggi, dalla distribuzione uniforme del calore alle potenzialità di risparmio energetico.

I pannelli ad infrarossi non sono solo dispositivi di riscaldamento; sono pionieri di un approccio nuovo e personalizzato al comfort termico. Dall'analisi approfondita delle caratteristiche dei materiali alla comprensione delle normative di sicurezza, abbiamo gettato le basi per una comprensione completa e informata di questa tecnologia.

Le prospettive future delineate in questo capitolo non sono solo speculative, ma fondate su una solida base di ricerca e innovazione. Dal continuo perfezionamento dei materiali allo sviluppo di sistemi di controllo sempre più intelligenti, il futuro dei pannelli ad infrarossi si prospetta ricco di potenzialità.

In conclusione, questo libro si propone di essere una guida esaustiva per chiunque voglia semplicemente esplorare il mondo dei pannelli ad infrarossi o effettuare una scelta consapevole per un acquisto oculato. Che si tratti di professionisti del settore, progettisti, installatori o semplici appassionati di nuove tecnologie, l'obiettivo è offrire una panoramica completa e approfondita, affrontando ogni aspetto dalla scienza alla pratica, aprendo nuovi orizzonti nel riscaldamento moderno.

13. Riferimenti Bibliografici

Di seguito alcuni riferimenti bibliografici di approfondimento:

"Infrared Heating for Food and Agricultural Processing" di Zhongli Pan e Griffiths Atungulu.

"Infrared Heating for Food and Agricultural Processing: Opportunities and Challenges" di Zhongli Pan.

"Infrared Radiation: A Handbook for Applications" di Reinhard M. Driggers.

"Residential Energy: Cost Savings and Comfort for Existing Buildings" di John Krigger e Chris Dorsi

"The Radiant Heat Experiment" di Dan Chiras.

"Radiant Floor Heating, Second Edition" di R. Dodge Woodson

Di seguito alcune riviste accademiche:

International Journal of Thermophysics: Pubblica articoli su vari aspetti della termofisica, inclusa la tecnologia infrarossa.

Infrared Physics & Technology: Rivista che copre una vasta gamma di argomenti relativi alla tecnologia infrarossa e alle sue applicazioni.

Di seguito alcune pubblicazioni tecniche che pubblicano anche articoli sull'infrarosso:

ASHRAE Journal (American Society of Heating, Refrigerating and Air-Conditioning Engineers): Pubblica articoli su riscaldamento, ventilazione, condizionamento dell'aria e tecnologie correlate.

IEEE Transactions on Infrared and Millimeter-Waves: Rivista specializzata nella pubblicazione di ricerche sulla tecnologia infrarossa e microonde.

www.ingramcontent.com/pod-product-compliance
Lightning Source LLC
Chambersburg PA
CBHW060018300526
45794CB00003B/1210